ART
D'ÉLEVER LES VERS A SOIE AVEC SUCCÈS
et de les préserver de maladies
EN TEMPS OPPORTUN

OU LA

NOUVELLE SÈRICICULTURE
BLANCHON

1 vol. petit in-12 publié par souscription

Par M. BLANCHON

Médecin , Physicien , Chimiste , Sériciculteur.

(2e édition)

PRIX FIXE : 5 FR. L'EXEMPLAIRE.

> « *Felix qui potuit rerum cognoscere*
> » *causas.* »
>
> « Etudiez les airs, les vents, les climats,
> » les saisons, les variations atmosphéri-
> » ques, les influences sidérales, vous con-
> » naîtrez les causes de la maladie, et vous
> » pourrez en neutraliser les effets. »
>
> « Il n'y a pas de causes sans effets
> » Ni d'effets sans causes.

S'ADRESSER A **M. BLANCHON**, AUTEUR-ÉDITEUR

Rue Saunière, 8

A VALENCE (DROME)

1865

Valence, Imp. Jules Céas et fils.

INTRODUCTION.

Séericiculteurs !

Je ne suis pas un littérateur, ma profession n'est pas de faire des livres. Mon but est d'enseigner l'art de réformer l'éducation défectueuse et dépérissante des vers à soie, de donner à toute la population et à la portée de tous, des *moyens simples*, *faciles*, mais *très énergiques*, pour *neutraliser* la *maladie* qui *sévit* partout, *désole l'agriculture séricicole* et le *commerce*.

Depuis de longues années j'ai consacré une partie de mon temps à ce travail, je remercie Dieu du succès qu'il m'a fait obtenir et dont vous recueillerez les *fruits* en voyant refleurir dans vos mains l'industrie séricicole qui vous rendra la splendeur passée et vous permettra de compter de nouveau sur la *récolte des cocons*.

Trente années d'observations en médecine pratique, et dix années d'expériences séricicoles confirmées par les *succès*, m'ont constamment démontré, que l'art de *guérir les maladies* quelconques et surtout celles des *vers à soie* dépend :

1° De la connaissance, du discernement des *causes* de leur *nature*, de leur *siége*, de leurs *variétés* et de leurs *complications*.

2° Du *choix* des *moyens* de les *neutraliser*.

3° Et des *moments opportuns* qu'il *faut saisir* pour en faire avantageusement l'*application*.

Pour se convaincre du très grand rôle pernicieux que jouent les *influences sidérales* ou *astrales miasmatiques* (1) il faut se munir d'un télescope, observer l'*effluve* ou écoulement d'une vapeur jaune orangée, qui descend en serpentant dans une vapeur épaisse ou brouillard qui se repose par colonnes sur divers lieux et forme une empreinte ou espèce de *rouille, poussière jaune* sur les *feuilles de mûriers,* du *cerisier,* de la *vigne,* des *pommes de terre,* etc., qu'elle *mortifie* par *sidérations* à l'improviste, d'une part.

D'autre part, il faut s'armer de l'*orrerie* de M. Thomas Heath, instrument qui fait voir les mouvements des corps célestes autour du soleil, et rend tous les phénomènes du système solaire conformes à la *vérité.*

Enfin pour se convaincre des *causes* accessoires aux *causes principales* de la *maladie* des *vers à soie,* il suffit d'examiner les *effets* que ces mêmes *influences sidérales miasmatiques* ont simultanément produits sur l'homme cholérique, les animaux, les feuilles et les fruits par l'action de ce *fléau épidémique,* devenu contagieux pas le contact des œufs bombyx mortifiés, par la dépravation du *chyle* et la *perversion des fonctions* énumérées ci-après.

(1) La maladie astrale ou sidérale miasmatique est l'effet des miasme ou souillure répandus dans l'air atmosphérique qui adhèrent à la feuille de mûrier avec plus ou moins de ténacité et exercent sur l'économie animale une influence plus ou moins pernicieuse. D'après les recherches de M. Brachet, de Lyon, les miasmes fournis par la décomposition des substances végétales en putréfaction, telles que les émanations marécageuses, produisent les fièvres intermittentes et typhoïdes. Il n'est donc pas surprenant que les effluver ou fluides inpondérables qui se dégagent de la feuille de mûrier du corps des vers à soie et de leurs excréments par l'action simultanée de l'air fixe, aigre, et de la transpiration, sans décomposition apparente, mortifient et tuent les vers à soie par sidérations.

La dépravation de la feuille de mûrier produit *l'engorgement*, *l'inflammation* du tube gastro-intestinal, corrompt le *chyle*, *pervertit les fonctions* de *secrétion urinaire*, *d'excrétion d'eau gommeuse*, *d'absorption, de circulation, d'assimilation, de nutrition, supprimées*, et forment les *variétés*, les *complications* de la *maladie sidérale miasmatique* des *vers à soie;* delà survient la nécessité des moyens à employer en temps opportun pour la *guérir*.—Voir : refroidissement, têtes blanches ou hydrocéphale, coriza ou goutte au nez, muscardine, chlorose ou anémie, zoonate, congélation scro-gélatineuse, obésité ou polysarcie (gras), putréfaction (concernant les maladies de la peau).

Les maladies inflammatoires, résultant de la dépravation du chyle, de la surabondance du gaz acide carbonique et de l'air sec et chaud ou brûlant du feu concentré dans les magnaneries, et des *vents* du *nord siccatifs* produisent l'*indigestion*, *l'aigreur du chyle*, l'engorgement du tube gastro-intestinal, la *constipation*, l'*inflammation*, l'*asphyxie*, le *Pyrosis* ou *l'écume* à la *bouche*, le *rachitis* ou *pébrine*, les *dragées* ou *gatine* et la *sphacèle* des vers à soie (maladies internes). Voir ces mots.

C'est la connaissance des causes de la nature, de la complication, du genre et de l'espèce des maladies des vers à soie que j'enseigne dans ce *livre*. Parce qu'il n'y a point d'effets sans causes, ni de causes sans effets, *il faut neutraliser* les *causes* pour *détruire* les *effets*.

Par induction de ce qui précède, tout le monde voit et connaît les effets des *émanations sidérales miasmatiques*, qui ont produit la maladie de la *feuille de mûrier*, etc., qui apparut sur les rivages du Rhône en 1848, devint *épidémique* par son invasion en Europe, en 1853, et par ses complications est devenue *contagieuse*.

Signes caractéristiques. — Au début, elle se manifesta par des empreintes anormales d'une espèce de *rouille* ou *poussière jaunâtre miasmatique* produite par l'écoulement des émanations *invisibles* à l'*œil nu*, sur les feuilles de mûrier, etc., qui, étant imprégnées de cette *souillure*, n'ont donné qu'une *nourriture indigeste, délétère* (1), qui engorge, enflamme les vers à soie, aigrit leur chyle, les constipe, et par des contractions spasmodiques de la membrane muqueuse serre les glandes et les vaisseaux, qui, dans l'état normal, absorbent, filtrent, élaborent le chyle.

Dans l'état de la maladie la circulation est ralentie, les fonctions accessoires d'homiose, d'hématose, d'assimilation, de nutrition, de secrétion, d'excrétion, sont perverties, les émissions naturelles de purgations urinaires sont retenues ou supprimées, tandis qu'elles avaient lieu avant que le ver à soie s'enfermât dans son cocon, et avant l'accouplement des papillottes dans l'état de santé.

Par suites du mélange confus, ces liquides dépravés dans le sein du ver à soie d'abord, ensuite de la

(1) *Crudus*, je nuis, qui, attaquant la vie et la santé, produit le trouble ou désordre des actes fonctionnels, et, par conséquent, la maladie variée et compliquée des vers à soie. C'est donc la feuille de mûrier indigeste délétère ou corrompue qui fermente, enflamme, aigrit le chyle dans le tube gastro-intestinal des vers à soie, produit l'engourdissement, etc. Car le chyle fait le sang, la chair, et réforme ou déforme tout le corps suivant son état de pureté ou de corruption.

chrysalide enfermée douze ou treize jours dans son cocon avant de se transformer en papillotte, il s'opère une fermentation acétique qui produit l'acide urique surnommé bombique (1) que la papillotte répand çà et là sur la graine, le linge et les cartons, et leur imprègne une couleur marron ou jaunâtre (infécondée) analogue à la rouille ou souillure sidérale miasmatique dont la feuille de mûrier fut imprégnée dès le début.

C'est cet acide acétique, pyro-ligneux, végéto-animal, qu'il faut dissoudre et neutraliser, parce qu'il est corrosif, rubéfiant, septique, délétère de sa nature, qu'il rabougrit, mortifie, dessèche les œufs bombyx qui en sont couverts et produit les petits qui infectent la masse. L'action de l'air septique qui s'en exhale, rend la maladie contagieuse, la propage sur la graine et l'avarie en général.

Raisons pour lesquelles il faut, non-seulement dissoudre, neutraliser l'acide urique, surnommé bombique, épurer la bonne graine des vers à soie, mais la séparer d'avec la mauvaise, pour la réformer, vu qu'elle est défectueuse, extraire les rabougris.

C'est pour neutraliser les influences funestes de

(1) Dans l'état de santé des vers à soie, des chrysalides et des papillottes mâles et femelles, ce liquide est blanc, insipide, gommeux, inodore, plus pesant que l'eau inaltérable à l'air, soluble dans 1150 fois son poids d'eau bouillante, tandis que dans l'état de maladie il se décompose, fermente, s'enflamme et s'acétifie par le mélange confus de l'eau gommeuse, de l'urée et de l'eau de l'amnios, retenues par le spasme et la chaleur, et fournit l'acide urique de couleur basanée, jaune d'orange ou marron. L'humeur du ver à soie muscardin, de la chrysalide et de la papillotte malades est acide, acétiques, ainsi que l'ont observé les illustres chimistes: Chaussier, Bergmann, Leibig, Lavoisier, Fourcroy, Sauvage, etc.

l'acide urique et donner aux vers à soie des remèdes rationnels, énergiques, et relatifs aux âges et circonstances, que j'ai inventé le liquide anti-acide bombique, composé de matières éminemment résolutives, absorbantes, dépuratives, appéritives, diurétiques, fondantes, adoucissantes et anti-acides, sur lequel repose le traitement principal des vers à soie et l'art de les conduire à bonne fin.

C'est de l'acide urique que vient la dégénérescence des œufs bombyx et des vers à soie, les maladies innées ou congéniales qui se perpétuent par progéniture et par contagion du mélange des œufs vivants avec les morts (maladie des petiis).

Et parce que le changement de bien en mal est alternativement lié à l'influence sidérale miasmatique, antérieure et présente, qui constitue et reproduit le fléau épidémique, contagieux, qui désole et paralyse l'éducation des vers à soie, il faut asperger fréquemment les feuilles de mûrier, seules, ou mitigées avec celle de fenugrec.

« Le fenugrec est une plante annuelle de la famille
» des légumineuses que l'on cultive à Aubervillers,
» près Paris, et dans la Touraine ; ses semences sont pe-
» tites, romboïdes, jaunes, d'une odeur fort agréable;
» elle se cultive comme le blé ; ses semences, ses
» feuilles sont éminemments utiles à l'éducation des
» vers à soie; il en sera fréquemment fait usage dans
» le cours de cette publication. C'est le deuxième re-
» mède très efficace de notre nouvelle sériciculture.
» On peut cultiver cette plante précieuse partout. »

Ces aspersions seront pratiquées avec le liquide anti-acide bombique, pour neutraliser les airs aigres non respirables, et les émanations miasmatiques concentrées dans les magnaneries. C'est un souverain remède anti-acide bombique, reconnu par ma pratique.

Il est donc indispensable de l'employer pour ne plus s'exposer à perdre les chambrées par les mortalités subites et imprévues.

L'existence des colonnes d'air vicié, miasmatique, apparaissant en rayons jaunes, denses comme un brouillard épais que j'ai observés à l'aide d'un télescope dans les variations climatériques et atmosphériques, ne manquent pas de tuer par sidérations les vers à soie, la feuille de mûrier, parfois les fruits et même l'homme qui les respire, sous la dénomination de choléra épidémique (asiatique), qui sévit avec une telle rapidité, surtout au début, qu'on l'a surnommé Trousse-galant (homme robuste).

L'action de l'air atmosphérique, en affaiblissant les œufs bombyx les plus robustes du Japon, du Nouka, etc., les fait dégénérer de la première à la deuxième année, et les fait dépérir dès la deuxième et troisième année de reproduction dans nos pays, quels qu'en soient la provenance et le croisement des races.

Donc, il ne reste aucun espoir certain de réussité si on n'épure la graine quelconque des vers à soie et si on ne sépare les œufs bombyx sains d'avec les malades au moyen de mon liquide. Sans cela tous les sériciculteurs s'exposent et seront exposés constamment à voir perdre leurs chambrées atteintes des maladies connues sous les noms émis au commencement de ce traité. Mais, pour élever les vers à soie avec succès et les préserver de maladies en temps opportun, il faut, non-seulement employer mon remède, mais encore observer les règles et nouveaux prodédés accessoires, tels qu'ils sont émis en ma Nouvelle Sériciculture. Car il ne suffit pas de mettre éclore de bonne graine, saine, épurée, triée on choisit, il faut m'observer dans ce livre pour la conduire avec succès.

L'air qui est le principe le plus essentiel à la vie, est le premier élément que le sériciculteur doit étudier et s'attacher à bien connaître.

Quand l'air est pur et tempéré (modéré), ni trop chaud ni trop froid, ni trop sec ni trop humide, ni trouble, ni délétère, il est salutaire à tous les êtres de la création qui le respirent ou l'absorbent. Tandis qu'il est le véhicule de la mort de tous les êtres organisés lorsqu'il est impur, délétère, imprégné d'émanations miasmatiques. C'est pour cela qu'on ne rencontre ni animaux reptiles, ni plantes végétales dans les grottes dont l'air n'est jamais renouvelé ; c'est pour la même raison, basée sur des principes aussi incontestables qu'il est essentiel de savoir apprécier les qualités de l'air pour le purifier ou le renouveler quand il en est besoin. (*Voir : Bains de vapeurs, calorifères, baromètre, thermomètre, hygromètre, aérologie*). Il est souvent urgent, indispensable de purifier et de renouveler l'air des magnaneries en raison de ses variations fréquentes. (*Voir : Ventilation, influences des airs et des vents*).

L'air trop chaud est privé de la vapeur d'eau qui l'humecte, l'adoucit et le tempère. Chaud et sec, il enflamme, dessèche les solides, volatilise les fluides qui forment la première trame des organes.

Trop froid, il engourdit, paralyse, congèle et mortifie les êtres organisés, particulièrement les vers à soie qui sont très sensibles.

Trop sec, il dessèche et raccornit les fibres des tissus de la peau, notamment celles des vers à soie qui ont besoin de les avoir déliées et onctueuses. C'est pour cela qu'il faut ramollir, humecter, adoucir, débrider, diviser la gomme desséchée de leur corps par la chaleur tempérée de la vapeur.

Le chyle aigre ou dépravé qui est une des causes fréquentes qui rendent l'éducation des vers à soie dépérissable et désolante, est modifié, adouci, tempéré, élaboré et assimilé par l'action des bains de vapeurs ou étuves.

Les explications précédentes motivent de tout point la nécessité :

De neutraliser l'acide bombique dont la graine des des papillotes malades et rabougries est imprégnée (rongée petite).

De séparer la bonne graine d'avec la mauvaise.

Enfin de neutraliser les émanations miasmatiques des airs aigres, nuisibles, concentrés dans les magnaneries.

Pour neutraliser l'acide bombique, il faut mettre tremper les œufs bombyx (*graine de vers à soie*) dans une quantité suffisante de liquide anti-acide bombique (*environ 30 grammes de graine dans 100 grammes de liquide*) les agiter dans un plat pendant 25 minutes, les laisser reposer cinq minutes et séparer alors la mauvaise graine qui surnage sur le liquide, au moyen d'une passoire fine de cuisine, la jeter comme nuisible, poison à la couvée, (1) et conserver la bonne épurée, qui tombe et reste au fond du plat, la faire sécher dans un mouchoir de gaze en soie qu'il faut suspendre dans une chambre aérée et tempérée jusqu'au moment où on veut la vendre ou la faire éclore.

La neutralisation est effectuée simultanément avec la séparation de la mauvaise graine et par la même opération.

Pour neutraliser les émanations sidérales miasmatiques (2) dont la feuille de mûrier, les vers à soie et leurs excréments sont imprégnés, il faut :

1° Asperger la feuille et les vers à soie avec mon liquide anti-acide bombique.

2° Mettre de ce même liquide dans le bain de va-

(1) Prenez 100 grammes d'œufs bombyx desséchés ou rabougris, mettez les tremper 24 heures dans 100 grammes d'alcool, exprimez-en le jus dans le même alcool, et trempez-y du papier bleu de tournesol pendant 25 minutes, il deviendra rouge : ce changement de couleur décèle l'existence de l'acide bombique ; répétez la même expérience sur des œufs bombyx sains épurés par mon liquide et vous verrez que le papier ne changera pas de couleur, parce que mon liquide aura neutralisé l'acide bombique. — Le vinaigre est un acide connu de tout le monde, trempez-y un papier bleu pendant 10 minutes, laissez sécher ; il sera coloré de rouge retrempez-le dans mon liquide pendant 18 minutes, la couleur primitive reviendra par l'action anti-acide alcaline qui a neutralisé l'acide. On peut multiplier les expériences sur les matières fecales des chrysalides des vers à soie muscardins, pourris, etc., on obtiendra les mêmes résultat.

(2) On appelle émanations sidérales (astrales) miasmatiques ou effluves tous les fluides impondérables qui se dégagent des corps qui composent l'univers par les influences diverses des éléments. Si le dégagement ne change en rien l'apparence des corps d'où il vient, on l'appelle émanation s'il est visible comme une sorte de fumée ou brouillard, on l'appelle exhalaison. Si ces dégagements de fluides visibles ou invisibles sont funestes à l'organisation des êtres animés, ils s'appellent miasmes ; telles sont les émanations septiques ou miasmatiques, produites par les perturbations atmosphériques sur la feuille de mûrier, les vers à soie et leurs excréments.

peur placé sur le fourneau calorifère de la magnanerie réformée.

3° Avoir préalablement blanchi les parois internes
des murs de la magnanerie, avec le lait de chaux
nitré (*Voir : lait de chaux nitré*), et lavé les ustensiles de la magnanerie à l'eau légèrement nitrée.

4° Tenir des vases remplis de la même eau de
chaux nitrée sous les tables inférieures de la magnanerie pour absorber et précipiter tout l'air fixe irrespirable concentré dans la magnanerie ; et le succès
sera complet.

Ainsi, épurez d'abord votre graine, ne l'entassez
jamais dans une boîte sans air ; ne la mettez pas non
plus dans un lieu trop chaud, ces deux cas produisent plus tard les maladies inflammatoires, ni dans
les caves ou autres lieux humides, parce que l'humidité et la fraîcheur engourdissent et rabougrissant
le germe de la graine, rendent son développement
ultérieur de mauvaise venue et causent souvent la
perte de l'éducation (maladie putride des petits).

En ce temps où la maladie a fait perdre la semence
des graines de pays qu'on connaissait, les sériciculteurs, obligés de se pourvoir avec les graines étran-
gères du commerce, doivent exiger une belle qualité de cocons producteurs de la graine et la choisir
aussi belle et aussi bonne que leurs moyens le per-
mettent, puis l'épurer, la séparer au moyen du liquide anti-acide bombique, et observer les règles et
préceptes que j'indique dans ce livre pour la conduire à bonne fin.

CHAPITRE PREMIER.

ÉCLOSION OU INCUBATION.

La graine étant épurée et triée (choisie) par l'usage du liquide anti-acide bombique, il faut la mettre à incubation dans un cabinet ou petit appartement, où l'on entretient une douce chaleur variée selon la température atmosphérique, le climat et les races, au moyen d'un petit feu allumé et entretenu avec du bois de genièvre et de chêne sec, sur lequel on tient constamment un petit bassin plein d'eau garni de graines ou feuilles de fenugrec. La chaleur de l'eau contenue dans ce bassin ne doit jamais être au-dessus de 20 degrés Réaumur. (*C'est le degré de chaleur du lait sortant du pis de la vache.*) La vapeur qui s'exhale de ce bassin aromatisé par les émanations de la graine ou de la feuille de fenugrec est éminemment salutaire aux vers à soie : elle assainit, adoucit, humecte l'air du cabinet, dilate les fibres gommées et dures des œufs bombyx, développe et accélère leur volume et leur accroissement.

On lève les vers à soie éclos au moyen de toiles de gaze claire ou de papiers percés et on les nourrit aussi longtemps qu'on le peut avec la feuille hachée des mûriers sauvageons en la mitigeant avec la feuille de la plante oléifère, séricicole appelée fenugrec, dont les vers à soie sont très friands; cette plante mucilagineuse, résolutive, émolliente, appéri-

tive, est un excellent aliment prophylactique séricicole pour les vers à soie surtout aux premiers
âges. Comme mucilagineuse elle atténue la gomme et
la sève du mûrier dont les vers à soie sont engorgés,
divise et rend souples leurs muscles.

Comme adoucissante, émolliente, résolutive, elle
calme le spasme nerveux, lubréfie le tube gastro-intestinal des vers à soie, adoucit leur chyle, dissipe
l'inflammation, l'engorgement, la constipation, l'indigestion, enveloppe les molécules âcres ou irritan-
tes du chyle aigre, calme l'ardeur de la peau, sa chaleur et celle de sa duplicature qui forme la membrane muqueuse qui revêt le tube gastro-intestinal et
les viscères;

Guérit : l'inflammation, le pyrosis, ou crémazou,
l'asphyxie et préserve du rachitis ou pébrine, des
dragées ou gatine, etc.

Comme aromatique, elle fortifie les fibres des solides, accélère la circulation des fluides et rétablit les
actes fonctionnels des vers à soie.

Au fur et à mesure que les vers éclosent, on dimi-
nue graduellement la température du cabinet de 20
à 17, 16, 15 et 14 degrés Réaumur.

Pendant tout le temps de l'éducation on tiendra
des bassins plein d'eau sur les fourneaux calorifères,
contenant 30 grammes de graines ou de feuilles de
femugrec et autant du liquide anti-acide bombique.
(*Voir fourneaux, calorifères, bains hygiéniques.*)

Quand l'éclosion produit beaucoup de têtes blanches, il faut tout jeter de suite, car la contagion de
l'infection se propage et l'éducation n'aboutit qu'à
une perte de temps et d'argent; c'est le commencement de la muscardine.

CHAPITRE II.

CHOIX DES COCONS POUR GRAINAGE.

Les cocons provenant des vers à soie dépravés ne peuvent que renfermér des chrysalides malades, se ressentant encore des indispositions du vers à soie, car la chrysalide a conservé la même nature du ver en changeant de forme, et la papillotte, mâle ou femelle, portera dans son sein tous les germes de maladie qu'avait le ver à soie et les communiquera à ses descendants.

C'est de là que viennent les maladies congéniales, qui se propagent et se perpétuent par la reproduction.

Le choix des cocons pour grainage est indispensable, afin de ne pas en prendre provenant des vers à soie malades.

Voici le moyen certain et facile de les reconnaître : il consiste à prendre, au hasard, les cocons les mieux formés et de la plus belle couleur dans des tas provenant autant que possible de chambrées qui ont bien réussi, à les couper en deux avec des ciseaux et à examiner ce qui sort de la chrysalide ainsi coupée ; si c'est du sang rouge, vermeil, vif, elle est saine et apte à la reproduction : prenez les semblables ponr le grainage.

Si elle ne répand que du sang noir, ce sang épais la prédispose aux maladies inflammatoires sanguines, ne la prenez pas, vous auriez des dragées, des gatines, des rachitiques.

Si elle ne répand que de l'eau, claire, limpide, la chrysalide est affectée d'anémie ou de chlorose et ne produira que des muscardins, et la putréfaction qui infectera la chambrée (les petits).

Si l'eau que la chrysalide répand est jaune-épaisse, ou grisâtre, la chrysalide est presque morte, et putride, étouffez les cocons de suite pour filer,

Douze ou vingt cocons, pris au hasard dans les tas, suffisent pour fixer ce choix très important, indispensable.

On recherche les cocons semblables à ceux qui ont répandu du sang rouge-vif, pour faire grainer et on livre sans hésiter tous les autres à la filature.

CHAPITRE III.

GRAINAGE OU PARTURITION.

L'art de bien conduire, de surveiller l'accouplement des papillons des vers à soie (*copulation*) pour la mise-bas de la graine (*parturition*), consiste :

1° A faire des liasses de cocons en forme de chapelet, ayant bien soin de ne pas blesser les chrysalides, les suspendre sur un linge ou drap noir placé contre des planches obliquement plantées sur une table dans une chambre tempérée nuit et jour de 14 à 16 degrés Réaumur et à les surveiller.

2° Au fur et à mesure que les papillottes mâles et femelles sortent des cocons, le surveillant les examine attentivement, au moyen d'un microscope, pour voir s'ils ne sont pas tarés, défectueux, tachés, mûrines.

Le mâle robuste est toujours maigre, bien ailé, à longues pattes, gris blanc sans taches. La femelle doit être grosse, vigoureuse et d'une blancheur également sans taches.

Les papillottes des deux genres qui ne réunissent pas parfaitement ces conditions de santé, doivent être jettées comme ne pouvant donner qu'une graine défectueuse et nuisible (rabougrie, morte).

3º Les mâles qui paraissent avoir les conditions de bons reproducteurs, sont placés dans des petites caisses obscures garnies de papier, où on les laisse de douze à vingt heures, afin qu'ils ne battent pas des ailes et qu'ils aient le temps de se purger de l'acide urique par une émission urinaire naturelle, avant de s'accoupler ; avoir soin que les petites caisses soient aérées.

4º Les femelles réunissant de bonnes conditions de santé sont placées sur un linge blanc et propre où on les laisse jusqu'à ce qu'elles se soient purgées en mouillant ou tachant le linge par leur émission urinaire.

5º La papillote mâle et femelle ainsi préparées et débarrassées de l'acide urique (*cause de leurs maladies*) sont placées et accouplées sur le linge ou drap noir numéroté d'avance à cet effet.

Si vous avez trop de mâles, reportez-les dans leur caisse obscure ; si vous n'en avez pas assez, empruntez-en à la seconde levée, vous ne pouvez en manquer que pour les derniers.

Numérotez vos linges et vos caisses obscures ; que chacune de vos levées soit exactement mise à sa place, selon son numéro d'ordre. La première des femelles sur linge blanc numéro 1, la première levée des mâles dans la caisse obscure portant aussi le numéro 1 : ainsi de la seconde, de la troisième et de toutes les levées.

On pourrait bien réunir deux levées de mâles dans une seule caisse ; mais il ne faut pas qu'ils soient entassés.

Si vous opérez en grand, trois numéros suffisent pour les boîtes obscures et les linges blancs.

Le numéro 1 des mâles sert à l'accouplement du numéro 1 des femelles, le numéro 2 des mâles au numéro 2 des femelles, et ainsi des suivants.

Les linges noirs ou les papiers d'accouplement doivent aussi être numérotés, les papillottes ne devant rester accouplées que pendant six heures au moins et sept heures au plus ; le numérotage aide à préciser le moment où on doit séparer chaque couple.

La séparation du mâle et de la femelle doit être opérée avec douceur en les prenant par les deux ailes et ne pas les tirer en sens contraire, la femelle souffrirait d'une trop brusque séparation.

Gardez-vous de faire servir deux fois le même mâle, il ne peut féconder deux femelles sans être affaibli à la deuxième, vous auriez alors des œufs bombyx jaunes qui ne seraient pas fécondés. (Voir pour plus amples détails à ce sujet l'excellente méthode Fraissinet à laquelle j'ai pris quelques lignes, les plus essentielles.)

6° Jettez les mâles après les avoir séparés du premier accouplement, et laissez pondre les femelles seules sur un linge noir en ayant soin de les espacer assez pour que la graine ne soit pas trop entassée.

Quand le grainage est fini on suspend le linge noir, ou le papier, sur lesquels les œufs bombyx sont collés, jusqu'au moment ou la graine est devenue gris de fer. Alors on la sépare du linge et on l'épure par une lotion du liquide anti-acide absorbant, dépuratif bombique, on la fait sécher et on la met dans un mouchoir de gaze en soie que l'on suspend dans une chambre tempérée jusqu'au moment de la vente ou de l'incubation.

Remarque. En négligeant de procéder, comme il vient d'être dit on n'obtiendra qu'un mélange de graines : bonnes, faibles, noires, jaunes ou infécondées, avariées, mauvaises, rabougries par le contact et l'exhalaison de l'air septique des œufs morts, petits et putrides, et on perdra les chambrées futures toutes entières par sidérations ultérieures.

La graine ne doit pas être placée dans des lieux trop chauds, ni trop froids, ni trop humides. Car le froid et l'humidité morfondent, engourdissent les graines et produisent après l'éclosion des têtes blanches, le coriza, la chlorose ou anémie, etc. (*Voir refroidissements.*)

Si on place la graine dans un lieu chaud et privé d'air, elle s'échauffe, s'enflamme et se dessèche, fermente, et de là surviennent les éclosions précoces et parfois l'avortement des chambrées en dragées, gatines, muscardines, rachitis, pébrine, dès la première ou deuxième mue.

CHAPITRE IV.

GASTRONOMIE. — DIGESTION. — INDIGESTION.

Gastro-estomac, nomie-règle (loi.) Chez tous les animaux, sans exception, la gastronomie est l'acte ou règle principale qu'il faut observer pour les conser-

ver en bon état de santé, ou guérir leurs maladies.
Le manger et le boire étant les conservateurs de la
vie animale individuelle, dès qu'un animal cesse de
manger ou de boire librement il devient malade et
dépérit; il meurt bientôt si les remèdes ne viennent
en temps opportun rétablir ses fonctions gastrono-
miques.

La mauvaise qualité des aliments, l'excès de
manger ou de boire dépravent le chyle, troublent les
fonctions digestives, produisent : l'indigestion, l'inflammation, l'engorgement du tube gastro-intestinal
(*gastro-entérite*), la constipation et un grand nombre
d'autres maladies sérieuses et mortelles; raisons
pour lesquelles il faut couper bien menu et mitiger
les feuilles de mûrier et de fenugrec qu'on donne
aux vers à soie dès qu'ils éclosent et durant les six ou
huit premiers jours d'abord en petite quantité mais
souvent, puis on fixe leurs repas à trois par jour en
augmentant et proportionnant les quantités à leur
âge et leur appétit. (*Voir repas des vers à soie*).

Les vers à soie boivent des gaz et des vapeurs qu'ils
absorbent par les pores de la peau. Car la peau et
les poumons sont les portes de la vie de relation
individuelle avec la vie universelle, le calorique, le
froid, la sécheresse, etc.

CHAPITRE V.

DIGESTION.

La digestion s'opère en trois actes, qui sont :
1° La mastication et la déglutition (*insalivation*).
2° La coction ou chimification.

3º La chilification. (*Séparation du jus des aliments avec le marc dans le 3ᵉ acte de la digestion*).

Les vaisseaux chylifères ou absorbants pompent le chyle par les glandes béantes en forme d'entonnoir placées à la surface interne des parois de la membrane muqueuse du tube gastro-intestinal, et le portent dans le torrent de la circulation et dans le sang après l'avoir filtré, les glandes conglobées, et le réservoir de pecquet, pour réparer les pertes continuelles et réformer la nutrition, l'hématose et l'homiose.

Parce que ces glandes et vaisseaux sont naturellement destinés à élaborer, atténuer, filtrer, modifier le chyle et le sang, l'albumine, l'embarras glairovisqueux du chyle dépravé les engorgent et interceptent leurs fonctions, la circulation, et de là surviennent les aigreurs du chyle, l'indigestion, l'inflammation, la constipation, le rachitis ou pébrine, la muscardine, la dragée ou gatine.

Dans l'état de santé, le chyle est un liquide blanc, opaque, laiteux, il a une saveur alcaline et une odeur particulière, il s'épaissit graduellement au fur et à mesure qu'il parcourt le torrent de la circulation jusqu'à ce qu'il se mêle avec le sang noir des veines qu'il transforme en sang rouge artériel par l'action du gaz oxigène atmosphérique aspiré, qui produit la conversion du chyle en sang (*hématose*) parfait.

Tandis que le gaz acide carbonique concentré et fixe, surabondant dans les magnaneries, asphyxie les vers à soie comme tous les autres animaux, même l'homme, arrête la digestion, la circulation, et produit le pyrosis ou crémazou, l'asphyxie, l'apoplexie, l'inflammation, la paralysie et la sidération (1) des vers à soie, raison pour laquelle on doit les en préserver avec grand soin.

Quand l'animal et le ver à soie se portent bien, le sang se partage en deux parties principales qui sont : le serum albumineux, et la fibrine. — L'albumine est une espèce d'eau mucilagineuse surnommée chair coulante, analogue à la glaire d'œuf ; elle est destinée à former, reformer le corps de l'homme, la chair et la soie (*homiosc*) des vers bombyx.

CHAPITRE VI.

INDIGESTION.

Prava alimentorum coctio.

La mauvaise qualité des aliments, leurs dépravations, leur surabondance, le défaut d'air pur, oxigéné, l'excès de calorique, d'acide carbonique, et le froid troublent la digestion, et produisent l'indigestion.

Celle des vers à soie est le résultat des influences sidérales miasmatiques dont la feuille de mûrier fut imprégnéedès le début de la maladie sidérale épidémique, par l'action du froid, des brouillards, des gelées, des airs viciés et autres météores atmosphériques (*voir météores*). Et de là : l'irritation de la membrane muqueuse, gastro-intestinale, qui présente un grand nombre de variétés et de

(1) Sidération, c'est l'état d'anéantissement subit produit par certaines maladies, qui frappent les organes avec la promptitude de l'éclair. Telles sont : chez l'homme et parmi les vers à soie, l'apoplexie foudroyante, la paralysie, le choléra épidémique, la sphacèle, etc.

degrés indifférents des maladies des vers à soie ;
la complication des dépravations du chyle qui engorge les glandes, les vaisseaux absorbants produi-
sant l'embarras général, le défaut de nutrition, le
spasme, la maigreur, la sécheresse, le dépérissement,
et l'inaction des actes fonctionnels. — *Signes de la
digestion et de l'indigestion des vers à soie.*)

Chaque fois que le conducteur des vers à soie leur
a fait donner la feuille de mûrier, seule ou mitigée
de celle de fenugrec, il doit placer l'oreille horizon-
talement au coin des tables, écouter et observer attentivement le bruit qu'ils font en masticant la
feuille.

Si le bruit est continue et uniforme comme celui
de la pluie tombant sur les toits, la gastronomie et
la digestion sont normales et l'exercice des fonctions
digestives des vers à soie libre.

Mais, si le bruit s'interrompt, n'a lieu que par bou-
tades, comme une pluie intermittente, ce pronostic
indique le commencement de la maladie que cause
le trouble ou désordre du tube gastro-intestinal en-
gorgé par l'embarras des glaires, de la bile, et autres
dépravations du chyle en stagnation.

Traitement. Il faut se hâter de renouveler l'air de
la magnanerie et de le tempérer, diminuer la quantité de feuille de mûrier à la donnée suivante et augmenter celle du fenugrec, pratiquer des aspersions
au liquide anti-acide bombique, des ventilations,
des bains de vapeur ou étuves composées de : fenugrec 30 grammes, liquide anti-acide bombique 30
grammes, romarin 10 grammes, bois de genièvre
10 grammes dans cinq litres d'eau pour chaque bas-

sin de chaque calorifère ou feu ; continuer ce traitement pendant 3 ou 4 heures ; l'indigestion doit se dis-
siper, à moins que les moyens curatifs soient employés
trop tard et que la maladie ait fait de grands progrès.

C'est l'unique moyen de lubréfier ou adoucir la
peau raide, tendue, des vers à soie et sa duplicature,
d'entraîner le bol alimentaire, et de rétablir l'équilibre des fonctions.

Si la maladie résiste à ces moyens il faut transporter les vers à soie malades dans l'infirmerie séricicole, qui est la plus haute itagère, pourles y soigner,
et, après leur avoir donné, il faut augmenter la chaleur et l'intensité des étuves pour accélérer la coction
et la digestion.

Il est des cas, où l'indigestion provient de la suf-
focation, produite par le trop de chaleur et le manque
d'air respirable ; les ventilations suffisent alors pour
rétablir l'équilibre et l'harmonie des actes fonc_
tionnels.

CHAPITRE VII.

DÉLITATION OU EXTRACTION JOURNALIÈRE DES MATIÈRES FÉCALES DES MAGNANERIES.

Le trop long séjour et le mélange des litières des
vers à soie et des excréments produisent une fermentation putride d'où s'exhalent des émanations
abondantes de gaz délétère et d'acide carbonique
qui dépravent l'air concentré dans les magnaneries,
enflamment la peau des vers à soie, leur corps, les
échauffent, les asphyxient, raréfient, dessèchent et
carbonisent leur chyle et autres fluides ; interceptent

la circulation; causent le spasme qui, contractant les vaisseaux, produit l'embarras et l'inflammation générale : le rachitis ou pébrine, la muscardine, dragées, gatine, etc.

Par ces motifs, il faut déliter tous les jours les vers à soie, tenir les magnaneries arrosées légèrement par un temps chaud, balayer et les tenir propres, surtout pendant que règne la maladie épidémique. Car la souillure miasmatique qui tache la feuille et les vers à soie qui meurent par la maladie qu'elle leur communique rendent les exhalaisons de la litière bien plus pernicieuses aux chambrées qu'aux temps où les feuilles et les vers à soie étaient sains.

C'est une raison hygiénique qui oblige à les tenir le plus proprement et le plus aérés possible.

Les moyens les plus faciles, les plus économiques et les plus appropriés aux ustensiles et aux locaux, sont aussi bons pour cela que les plus compliqués et les plus dispendieux.

Les tables en fil de fer, en toiles métalliques galvanisées, les claies en osier, sur lesquelles on supperpose :

1° Les feuilles de papier plein;

2° Les vers à soie et la feuille au premier repas;

3° A deux millimètres par dessus on place un tiroir dont le fond est garni d'un filet à grosses mailles, sur lequel sont étalées les feuilles du second repas, qu'on fait glisser au moyen d'une coullsse, ou d'un chemin de fer sans toucher ni blesser les vers du premier repas; les vers à soie montent sur la feuille par les mailles du filet; dès qu'ils sont montés on retire les tiroirs inférieurs où sont les litières, matières fécales et les vers à soie asphyxiés, on les nettoie et on les tient prêts pour le repas suivant par le même procédé qui est à mon avis le moyen le plus prompt et le plus commode, et le plus économique pour extraire journellement les excréments et les débris de la feuille, sans troubler le repos ni le mouvement des vers à soie.

Les vers à soie qu'on trouve asphyxiés dans les litières seront soigneusement recueillis, portés à l'infirmerie séricicole, aérés, aspergés avec mon liquide anti-acide bombique et réintégrés à la magnanerie dès qu'ils auront repris l'usage de leurs fonctions et leur vigueur normale ; de cette manière on obtiendra une éducation considérable et féconde.

Les litières sont placées loin des magnaneries pour être tenues remuées, séchées, pour l'usage qu'on leur réserve, sous un hangard à ce destiné. (1)

CHAPITRE VIII.

REPAS DES VERS A SOIE ET SOINS A DONNER A LA FEUILLE.

Trois repas par jour, également espacés, peuvent suffire aux vers à soie durant les trois premiers âges ; à la troisième et à la quatrième mue on augmente graduellement le nombre des données et la quantité de feuille en raison de leur croissance et de leur appétit.

(1) Les excréments des vers à soie arrosés de sang de bœuf sont un excellent engrais pour les mûriers pourvu qu'on ne les laisse pas fermenter.

La personne qui dirige la magnanerie doit consulter fréquemment : le thermomètre, le baromètre, l'hygromètre, l'aréomètre, pour régler la température de l'air de la chambrée qui peut varier à chaque instant surtout à l'heure des repas ;

Se servir du microscope pour observer l'état de la feuille et des vers à soie ;

De l'orrerie pour observer l'état de l'atmosphère et se prémunir contre les variations climatériques et météorologiques. (*Voir météores.*)

Les variations atmosphériques les plus fréquentes ont lieu vers les quatre heures et dix heures du matin, et à quatre heures du soir, il faut les observer avec soin pour préserver les vers à soie de leurs influences funestes.

Il faut avoir bien soin de ne jamais donner de la feuille ramassée à la rosée du soir après quatre heures, et du matin, avant dix heures ; il faut la faire cueillir de dix heures du matin à quatre heures du soir. Si des circonstances fortuites obligent de la ramasser entre ces heures il faut la bien faire aérer en l'agitant souvent sur des claies, en bois de lattes, éloignées de 25 centimètres du sol, au moins, afin que la feuille ne pompe pas l'humidité du sol, encore plus pernicieuse que la rosée, et ne la donner que quatre ou cinq heures après l'avoir ramassée ; l'asperger alors largement avec le liquide anti-acide bombique, ainsi que lorsqu'on s'aperçoit que les vers ne mangent pas bien la feuille de la donnée précédente, car le liquide anti-acide bombique non-seulement active la digestion des aliments ingérés, mais il est encore un apéritif très énergique.

CHAPITRE IX.

PYROTECHNIE. — FOURNEAUX CALORIFÈRES DES MAGNANERIES
RÉFORMÉES.

L'art de bien établir et diriger les feux d'une magnanerie pour distribuer le calorique uniformément gradué est un des plus utiles aux sériciculteurs.

Combien de chambrées périssent pour cause de trop ou pas assez de chaleur, ou pour cause de chaleur sèche, ou trop humide. Car on sait par axiome que l'excès nuit en tout.

Pour diriger le calorique avec certitude et discernement dans une magnanerie, quelques instruments sont indispensables, ce sont : le *thermomètre*, le *baromètre*, l'*aréomètre* et l'*hygromètre*.

Le *thermomètre* indique la chaleur.

Le *baromètre* donne le degré de densité ou poids de l'air.

L'*hygromètre* indique l'humidité ou la sécheresse de l'air.

L'*aréomètre* fait connaître le degré de densité ou raréfaction de l'air.

Au moyen de ces instruments on peut donner aux feux des calorifères l'intensité qu'on désire pour créer à la magnanerie un air réglé au degré qu'on veut.

Au moyen des abat-jour mobiles des fenêtres on peut se créer des *ventilateurs* en les agitant vivement; ils peuvent au besoin remplacer le ventilateur Darcet, et renouveler l'air des magnaneries quand il en est besoin.

L'hygromètre indique l'usage qu'on doit faire des *bains de vapeurs ou étuves*, leur emploi ou leur suppression, suivant que l'air sera trop ou pas assez sec. (*Voir le calorifère de la magnanerie réformée.*)

L'air étant le principe vital des êtres animés et particulièrement des vers à soie qui, ayant la peau excessivement poreuse, fine, sensible, absorbent les gaz par toutes les parties du corps, il est essentiel et indispensable de leur ménager constamment un air salubre, fortifiant et débarrassé de toutes espèces de corps hétérogènes.

C'est à l'aide des instruments sus-nommés, de l'emploi du fenugrec, et surtout des aspersions fréquentes du liquide anti-acide bombique, qu'on parviendra à les entretenir dans le milieu qui leur convient et à les mener à bonne fin.

CHAPITRE X.

AÉROMÉTRIE.

L'aérométrie est l'art de mesurer la densité ou épaississement de l'air et d'en calculer les effets.

On se sert de l'instrument qui a donné son nom à cet art que tout sériciculteur doit s'attacher à connaître pour juger les influences sidérales miasmatiques produites et déposées sur la feuille de mûrier en forme de rouille ou de poussière, souillure déposée par les brouillards atmosphériques quelquefois invisibles à l'œil nu.

Par un temps lourd l'air se trouve chargé de vapeurs souvent pernicieuses aux vers à soie, il faut autant que possible les en préserver et ne pas leur donner de la feuille ramassée sous cette influence atmosphérique, sans prendre les précautions détaillées au chapitre VIII.

CHAPITRE XI.

BAROMÉTRIE.

La barométrie est l'art d'employer le baromètre, instrument qui sert à estimer les petites variations de la pression et de la pesanteur de l'air, et l'élévation des lieux au dessus du niveau de la mer.

Son usage est indispensable aux éducateurs de vers à soie en ce qu'il leur indique très approximativement le temps qu'il fera et le degré de densité de l'air contenu dans les magnaneries.

Alors, ils peuvent se prémunir contre les orages, *faire* ramasser la feuille d'avance avec la certitude de ne pas se tromper, et graduer la température de leurs chambrées au moyen des feux, de la vapeur, des bains hygiéniques (*voir ce mot*) et de la ventilation selon les cas.

Lorsque la colonne de mercure monte dans le tube de l'instrument au dessus du niveau ordinaire, selon les climats, l'air devient plus dense et plus lourd, c'est alors qu'il faut faire jouer le *ventilateur Darcet* dans l'intérieur des magnaneries pour le diviser, raréfier, lui donner du mouvement et le tempérer afin que l'air fixe, ou *acide carbonique* ne s'imprègne pas sur la nourriture des vers à soie et ne suffoque pas ceux qui l'absorberaient par trop grande quantité.

Lorsque la colonne de mercure monte rapidement cela indique que l'air se charge de vapeurs, de brouillards, d'électricité et devient froid. Il faut baisser les abat-jour, diminuer la vapeur des bains, augmenter la chaleur des feux et allumer les fourneaux des fenêtres lorsque l'orage éclatera, ce qui ne tarde guère.

Lorsque la colonne de mercure monte très rapidement à un niveau supérieur c'est le présage d'une tempête :

Feux de genièvre sur les fenêtres, température intérieure maintenue de 18 à 20 *degrés Réaumur* avec un peu de vapeur.

CHAPITRE XII.

ORAGES, TEMPÊTES, GRÊLE, TONNERRES.

L'orage précède la tempête, le tonnerre l'accompagne, ils sont les précurseurs de la grêle ou des pluies torrentielles.

La tempête s'effectue par le choc et le contact des airs : glacial du nord et chaud du midi, poussés en sens inverse par des courants électriques.

Leurs croisements et leurs frottements produisent les éclairs, les dégagements électriques considérables, le refroidissement subit de la température qui condense les vapeurs, les réduit en eau, quelquefois en grêle et les précipite sur la terre avec fracas, déplaçant l'air vital et remplissant l'atmosphère d'une odeur *nitro-sulfureuse* nauséabonde; c'est alors que la *congélation sero-gélatineuse*, le refroidissement, la *sphacèle* et la *zoonate* des vers à soie s'effectuent et les tuent par sidérations à l'improviste si on ne les en préserve et garantit.

La vapeur grasse et onctueuse qui se dégage de la grêle en fusion, enflamme, rubéfie, sphacèle les vers à soie et produit la *zoonate* et la *gangrène*.

CHAPITRE XIII.

MÉTÉORES, INFLUENCES DES AIRS, DES VENTS ET DES VICISSITUDES ATMOSPHÉRIQUES.

Les vents ne sont autre chose qu'un courant d'air ou torrent aérien.

Les vents les plus nuisibles à l'éducation des vers à soie sont : 1° le vent du sud ou du midi qui, étant chaud et humide de sa nature, relâche, débilite et asphyxie les vers à soie, fait périr les chambrées par *sidérations* ; 2° le vent du levant ou d'est étant chaud et sec de sa nature au printemps et en été, dessèche et brûle les moissons et les chambrées des vers à soie qui le subissent.

Raison pour lesquelles il faut éviter leurs influences en fermant à murs pleins les ouvertures du côté du midi et du levant; les fenêtres et portes qui y sont doivent être bâties en briques et mortier.

Le vent du Nord sèche, épaissit le corps des vers à soie, et par un courant d'air des portes et fenêtres en ligne directe dessèche les vers à soie, raréfie leur chyle et produit : le *rachitis* ou *pébrine*, les *dragées* ou *gatine*, raisons pour lesquelles il faut fermer les les abat-jour des fenêtres du nord et ne les faire jouer que pour aérer l'air de la chambrée par un temps très chaud et calme.

Le vent du couchant ou d'ouest, *brise*, *dissout* les autres vents; il est donc doux, serein, il amasse et

2 *

chasse les nuages, son influence est salutaire, vivifiante et tempérée.

Nous mettons la façade du couchant de la magnanerie réformée en abat-jour de bas en haut pour rompre l'équilibre de l'air interne et externe en les élevant par un temps calme et chaud et les baissant par un temps froid, humide et pluvieux.

Les météores sont les éclairs, le tonnerre, la grêle et la pluie, les brouillards, le gel, la neige, la rosée, tous également funestes aux vers à soie; il faut les en préserver avec soin au moyen des fourneaux placés sur les fenêtres qu'on allume avec du bois sec de genièvre en temps orageux pour neutraliser la fraîcheur, la densité de l'air, et briser les courants électriques ou miasmatiques.

On observe le mouvement des corps célestes et leur influence atmosphérique au moyen de l'*orrerie* de M. Thomas Heath.

C'est un instrument qui fait voir le mouvement des corps célestes autour du soleil, suivant le système solaire, et rend tous les phénomènes atmosphériques d'une manière conforme à la vérité.

CHAPITRE XIV.

PRONOSTICS HYGROMÉTRIQUES DU TEMPS,

Outre l'hygromètre dont tout le monde connaît l'usage et l'emploi pour estimer l'humidité ou la sécheresse de l'air, il est encore un moyen très facile dont on peut se servir pour régler la température des magnaneries.

La *graine* de *Varech* qui a servit d'oracle aux *marins* avant l'invention des instruments perfectionnés, est encore très utile aux sériciculteurs.

Il suffit de mettre dans un plateau d'une petite balance bien exacte, placée au milieu de la magnanerie, vis-à-vis de la porte d'entrée, une certaine quantité de graines du Vareeh et dans l'autre plateau une égale quantité de plomb de chasse ou autre métal, de manière que les deux plateaux restent en équilibre. A mesure que l'air deviendra chaud et sec la graine desséchera, deviendra plus légère et le métal emportera le plateau qui le contient ; au contraire, quand l'air se chargera de vapeurs et d'humidité la graine gonflera et à son tour fera baisser son plateau et lever celui du métal au-dessus de la ligne horizontale primitive. On voit par la description qui précède que la graine de Varech peut servir de régulateur des bains de vapeurs dans les chambrées.

CHAPITRE XV

ART DE RÉGLER LA TEMPÉRATURE DE L'AIR CONCENTRÉ DANS LES MAGNANERIES.

L'art de régler la température des magnaneries ou la distribution graduée du calorique et de la vapeur jointe aux ventilations est un des plus indispensables aux sériciculteurs.

Le baromètre, le thermomètre, l'hygromètre servent de guide : le fourneau calorifère placé au centre de la magnanerie en contre-bas des tables où sont les vers à soie ; les bassins contenant cinq à six litres d'eau pour les étuves, et les ventilateurs, donnent tous les moyens de maîtriser l'air des magnaneries.

Le calorifère distribue la chaleur douce et tempérée en le tenant alimenté avec du bois de chêne sec et de genièvre.

Le bassin ou étuve, dans lequel on met avec cinq litres d'eau, 30 grammes de graine ou de feuilles de fenugrec et 30 grammes de *liquide anti-acide bombique*, rend à l'air toutes les parties vitales consommées par le calorique ou absorbées par les êtres contenus dans les magnaneries et le tient constamment tempéré, doux, salubre et aromatisé par les effluves du fenugrec, très aimées des vers à soie, très salutaires à leur organisation et à leur développement.

Quand le calorique domine, ce qu'indique le thermomètre, on a recours aux ventilations et on ferme les soupapes des calorifères, ou on éteint tout ou partie des combustibles des foyers.

Les murs intérieurs des magnaneries doivent être blanchis au lait de chaux nitré. Le calorique du fourneau tempéré par la vapeur du bain hygiénique, s'irradie sous les tables inférieures, plus hautes que le calorifère, la chaleur monte contre les murs et au centre de la magnanerie et il s'établit ainsi des courants gazeux continuels qui tiennent l'air en mouvement et empêchent l'acide carbonique de s'accumuler; d'autre part la chaux et le nitre, base de la substance qui a servi à blanchir les murs, forment avec l'acide carbonique un sel neutre alcalin, inoffensif et même apéritif et dont les effluves, en se mélangeant à la feuille de mûrier, en entretiennent la fraîcheur et la saveur et excitent les vers à soie à la manger.

Dans les cas d'orages, de grêle, de tonnerre et au-

tres météores, on allume avec du bois sec de genièvre
seul des petits feux dans des fourneaux construits
pour cela avec deux tuiles scellées l'une contre l'autre au moyen de fil de fer et qu'on a bâties sous les
fenêtres et à l'intérieur pour y conserver le feu de
genièvre, ayant soin d'incliner les tuiles en dehors
dans une position verticale. Ce procédé brise les colonnes d'air extérieur qui tendent à envahir la magnanerie et la refroidir ; neutralise le gaz électrique
et les émanations miasmatiques des airs extérieurs,
les exhalaisons méphitiques de la grêle en fusion,
les arômes qui s'échappent du bois de genièvre en
combustion et pénètre dans les chambrées avec l'air extérieur, change ses qualités pernicieuses en salutaires
pour les vers à soie, préserve les chambrées de la congélation sero-gélatineuse, la chlorose, la polysarcie, la
zoonate, la sphacèle, et de coriza. Toutes ces maladies sont produites par le passage subit du chaud
au froid ou par les exhalaisons méphitiques des météores atmosphériques.

CHAPITRE XVI.

VENTILATIONS.

Pour vivifier et raréfier l'air, absorber le carbone
qui le rend brûlant, on pratique des ventilations dans
les magnaneries à l'aide du ventillateur de Darcet ou
en agitant vivement les abat-jour des fenêtres du
nord. Les ventillations ne sont nécessaires que par
un temps calme, chaud, étouffé pour donner de l'air
aux vers à soie à défaut de vent extérieur; alors pour

humecter l'air produit par les ventilations, on se sert des vapeurs du bain hygiénique.

L'étuve ou bain de vapeur, contenant la plante tonique, mucilagineuse, émolliente appelée fenugrec, adoucit l'oxigène du foyer-calorifère.

L'hydrogène du bain tempère le fluide électrique produit par le bois de chêne et de genièvre en brûlant ; et les vapeurs qui montent de bas en haut, du centre et du pourtour de la magnanerie, forment une atmosphère ambitiante tempérée au degré qu'on veut. La partie vivifiante qui se trouve dans l'air est très inflammable, les feux entretenus dans les magnaneries en consument une notable quantité ; les bains de vapeurs sont destinés à neutraliser ce défaut en rendant à l'air par les émanations du bain les parties essentielles que le feu lui fait perdre, l'humidité et l'oxigène.

On sait qu'un animal ne pourrait vivre ni une chandelle éclairer dans un local hermétiquement fermé et qui ne contiendrait que de l'air brûlé. Ce n'est cependant que de l'air en grande partie détérioré par le feu sans vapeurs qu'on a fait respirer jusqu'ici aux vers à soie, qui sont nos animaux de la plus délicate complexion (*voir asphyxie*).

CHAPITRE XVII.

BAINS DE VAPEURS OU ÉTUVES CALORIFÈRES.

Le calorifère, destiné à chauffer la magnanerie, doit être placé, autant que possible, sous le plancher sur lequel reposent les appareils qui supportent les vers à soie, mais au moins plus bas que la table la plus rapprochée du sol.

Un feu sec entretenu avec du bois ou du charbon détériore rapidement l'air contenu dans les magnaneries, la vapeur d'eau disparaît ou se change en gaz brûlant, l'oxigène s'assimile aux combustibles du foyer et augmente l'intensité du calorique, il ne reste bientôt plus qu'un air très azoté et très chargé d'acide carbonique dégagé par le bois ou le charbon en combustion ; cet air, ainsi réduit et composé, est irrespirable et nuisible aux hommes et particulièrement aux vers à soie; il cause le *rachitis* ou *pébrine*, les *dragées* ou *gatines*. On préserve les vers à soie de ces maladies et on entretient l'air dans un état constamment salubre en entretenant toujours sur les bouches des calorifères des bassins pleins d'eau pour équilibrer, balancer le pouvoir et l'effet de l'attraction du calorique sur l'air ; sans cela, le calorique sec du fourneau, seul, raréfie le sang des vers à soie, serre leurs fibres, les rend compactes et les racornit ; tandis que le calorique mitigé par la vapeur de l'eau du bain remplace toutes les parties de l'air attirées au foyer ou changées par la chaleur ; au fur et à mesure que la vapeur s'élève des bains et se mélange avec l'air qu'elle humecte et adoucit, elle développe les fibres des vers à soie et les tient constamment dispos pour l'absorption d'un air émollient, rompt l'adhésion moléculaire, modifie la consistance des solides et des fluides qui les composent.

L'acide carbonique en trop grande quantité est mortel pour tous les êtres organisés, plus lourd que les autres gaz composant l'air; il tient les couches inférieu-

res. Dans les magnaneries on placera sous les tables
les plus rapprochées du sol quelques vases contenant
du lait de chaux nitrée où viendra se précipiter la
surabondance de l'acide carbonique dégagé par les
combustibles, les vers à soie, les matières fécales, et y
formera un seul neutre qui ne sera plus dangereux.
De l'attraction et de la répulsion dépend la vie or-
ganique de tous les corps, surtout des vers à soie.

BAINS HYGIÉNIQUES DE VAPEUR.

Les bains hygiéniques qu'on doit administrer aux
vers à soie pendant toute la durée de l'éducation
(le temps de grêle et d'orages excepté), pour adoucir
leur complexion, entretenir la fluidité des liquides
qu'ils renferment et l'élasticité de leurs muscles ;
aromatiser, et rendre propre à leurs organes l'air
qu'ils doivent respirer ; neutraliser les airs aigres et
miasmatiques qui se dégagent de leurs corps, des
matières fécales et des litières échauffées ; pour les
tenir enfin dans un milieu propice à leur existence,
leur accroissement et leur développement général
jusqu'à et y compris la montée, se composent de :

Liquide anti-acide bombique 30 grammes,
Semences ou feuilles de fénu-grec 30 grammes,
Eau pure 5 litres.

Mettre le tout dans un bassin en infusion tempérée
à 20 degrés qu'on tient constamment sur chaque fourneau calorifère.

On renouvellera ces substances toutes les 24 heures.

Les vapeurs toniques, dépuratives, absorbantes,
anti-spasmodiques, émollientes et apéritives qui se

dégagent du bain préviennent ou guérissent les maladies appelées, *rachitis ou pébrine, dragées ou gatine, inflammation spasmodique, indigestion, pyrosis ou crémazou, constipation*, on ajoute au bain :

>Sommités de romarin 30 grammes,
>Baies de genièvre 30 grammes,

Pour les *refroidissements*, la *muscardine*, la *congélation sérogélatineuse*, la *zoonate*, le *coriza*, la *sphacèle* et la*chlorose*.

CHAPITRE XVIII.

LAIT DE CHAUX NITRÉE (*nitrate calcaire*) **POUR BLANCHIR LES MURS INTÉRIEURS DES MAGNANERIES.**

Ce liquide se compose de :

>200 litres d'eau pure,
>11 kilog. de chaux ordinaire fusée à l'air,
>30 grammes de sel de nitre,

Le tout bien mélangé, d'une part ;

Et y ajouter 40 grammes de colle de poisson qu'on a fait dissoudre dans 5 litres d'eau chaude pendant 24 heures, etc., qu'on mettra dans la composition du lait de chaux nitrée pour la rendre adhérente aux murs.

On blanchit avec cette composition les murs intérieurs des magnaneries une fois chaque année avant de commencer l'éducation.

Remarque. — La chaux ayant une grande affinité avec l'acide corbonique, l'attire, s'en empare, et ils forment ensemble un précipité ou sel alcali inoffensif qui prend le nom de *carbonate de chaux* et, combiné avec le nitre, il est azoté.

Le nitre a la propriété de tempérer l'air et les corps : les effluves nitrées qui se dégagent des murs se combinent avec le gaz hydrogène des bains de vapeurs et forment un *gaz nitrogène*.

Les corps ambiants en prennent et en retiennent une quantité plus ou moins considérable, et, avec les principes terreux de la chaux, forment des alcalis fixes, anti-acides, laxatifs, résolutifs et apéritifs, très salutaires aux vers à soie ; et se mêlent naturellement à leurs aliments par l'action de l'air, de la chaleur et de la vapeur des bains, entretiennent les fonctions digestives et neutralisent les aigreurs du chyle.

CHAPITRE XIX.

RÈGLES (*lois*) PRINCIPALES DE L'ATTRACTION, DE LA RÉPULSION, QUI RÉGISSENT LES MOLÉCULES DES CORPS ORGANISÉS DANS TOUT L'UNIVERS.

Ces règles sont :

1° L'attraction ou affinité d'agrégation, c'est-à-dire, de rapprochement des molécules qui se ressemblent. Le lait de chaux nitré, composé d'oxigène, d'azote et de carbone, absorbe les airs nuisibles fixes concentrés dans les magnaneries, et les neutralise, et ainsi les exhalaisons sidérales miasmatiques de l'intérieur sont attirées, fixées aux parois des murs et absorbées par la carbonate de chaux.

La force qui détermine le rapprochement de ces

corps entr'eux, produit une température sanitaire dans la chambrée en purifiant l'air dense, septique, qui y est contenu.

L'attraction des planètes ou *influences sidérales* s'exerce à de grandes distances, par une force de gravitation, en vertu de laquelle un corps agit sur un autre qui est éloigné et le fait graviter vers lui comme l'éliotrope tourne sous l'influence des rayons du soleil.

C'est par l'attraction magnétique que les feuilles de mûrier perçoivent les effluves invisibles sidérables, transmises par la rosée, la gelée, les brouillards, etc. et la congrétion de ces effluves tachent la feuille d'une rouille ou souillure miasmatique, qui cause aux vers à soie une maladie mortelle, déprave le chyle et l'urine, et par l'effet de l'attraction moléculaire se communique des uns aux autres et de générations à générations jusqu'à ce que la cause soit neutralisée par mon liquide dépuratif absorbant anti-acide bombique.

2° La *répulsion*. Cette règle commence où l'attraction finit, et s'accroît comme la distance des particules décroît.

C'est sur la puissance répulsive, de la sève, de l'huile végétale et de la gomme, surabondantes dans la feuille de mûrier que l'action et la réaction de l'attraction de mon liquide anti-acide absorbant dépuratif bombique, effectue la cohésion d'un mélange qui forme un savon animo-végétal alcali, qui les dissout, les neutralise et en forme un sel neutre laxatif qui dégorge le tube gastro-intestinal des vers à soie, et rétablit leurs fonctions.

Ce sont ses puissances attractives et répulsives qui conduisent toutes les autres.

Ainsi les fluides agissent sur les solides qu'ils forment, déforment, composent et décomposent, et réagissent les uns sur les autres.

Tels sont les acides et les alcalis qui sont des corps qui attirent et sont attirés par une tendance à la combinaison.

L'eau de chaux, dont on blanchit les murs, précipite le gaz aérien fixe ou acide carbonique ; et l'ammoniaque, versé dans un vase plein de ce gaz acide, s'en empare et le neutralise. — Les vers à soie asphyxiés par ce gaz acide reprennent leurs mouvements dès qu'on les soustrait à son influence. Ainsi les règles de la sériciculture Blanchon ne sont pas des conjectures controuvées, mais l'expression pure et simple des faits accomplis.

CHAPITRE XX.

ASPHYXIE DES VERS A SOIE.

C'est la suspension des phénomènes de la respiration, l'action de l'air irrespirable qui intercepte la circulation du chyle, les étonne, les suffoque et les oblige à se tenir debout immobiles par une raideur tétanique.

Traitement. — Renouveler l'air dense de la magnanerie, le raréfier par la ventilation et les mouvements des abat-jour qu'on fait jouer de suite, et s'ils ne reprennent leurs mouvements dans 10 minutes, il faut les transporter sur leurs claies d'osier ou autres dans l'infirmerie aérée et tempérée de la plus haute étagère, et le lendemain ils sont guéris.

CHAPITRE XXI.

REFROIDISSEMENTS.

Les effets du refroidissement et de ses complications produisent : *le coriza, la chlorose, la polysarcie (Gras), la congélation séro-gélatineuse, la zoonate et la sphacèle des vers à soie.* Toutes ces dénominations ne sont que des variétés ou degré de complications des mêmes causes de la maladie putride que produit l'action de l'air froid et humide.

CHAPITRE XXII.

MALADIES DES VERS A SOIE.

Les maladies des vers à soie proviennent de causes relatives, mais différentes dans leur nature, leurs rapports et leurs variétés d'espèces :

1° De refroidissements et de putréfaction miasmatiques.

2° De la dépravation du chyle (*cacochylie*) et d'inflammations spasmodiques.

D'abord les refroidissements subits des nuits et de certains jours du printemps, produits par les influences astrales, les brouillards et perturbations atmosphériques tachent et mortifient les jeunes pousses du mûrier.

Les vapeurs miasmatiques les imprègnent d'une

espèce de rouille ou de poussière, souillure qui la rend très funeste aux vers à soie.

D'autre part le froid humide, subi par les vers à soie ou par leurs graines, causent :

Les têtes blanches ou hydrocéphale. — Le coriza ou goutte au nez. — La chlorose ou anémie. — La muscardine. — La zoonate. — La congélation-séro-gélatineuse. — L'obésité ou polysarice (*gras*). — La sphacèle ou pourris (*gangrène*).

Têtes blanches ou Hydrocéphale. Cette maladie est le résultat du froid humide éprouvé par la graine ou par les vers à soie naissants, ce qui produit un rhume de cerveau qui dégénère en collection d'eau (*hydro-céphale*), et leur rend la tête blanche, jaunâtre et diaphane (*voir grainage et incubation*). — La tête blanche est le précurseur de la chlorose ou anémie (*défaut de sang*). — La tête jaune est le précurseur de l'obésitéou polysarcie (*gras*), qui est le deuxième degré de la maladie précédente.

Quand l'éducation présente ces deux cas de maladie au début, il n'y a pas de guérison possible; on peut les prévenir par les soins donnés à la graine et à l'éclosion, mais non y remédier; quand ils ont paru, il faut jetter, et recommencer une nouvelle éducation, car la maladie se propage de mue en mue jusqu'à la montée où ils finissent de dépérir par sidération.

Coriza ou Goutte au nez. La transition subite du chaud au froid suffit pour produire le rhume de cerveau, nommé coriza chez les vers à soie. — Ce mot désigne l'inflammation catarrhale de la membrane muqueuse des fosses nazales ; elle se manifeste par une goutte d'eau séro-muqueuse excrétée et pendante au bout du nez.

Elle se guérit par l'usage des bains de vapeurs aromatiques, par l'infusion des sommités du romarin et des baies de genièvre, (*voir étuves et bains hygiéniques*).

Si on néglige ou diffère de remédier au coriza dès le début, le rhume de cerveau se complique et produit la chlorose.

CHLOROSE OU ANÉMIE. Le rhume de cerveau négligé produit, chez l'homme, les fluxions catarrhales; chez les vers à soie, la pléthore séreuse ou embarras des vaisseaux qui se manifeste par les pâles couleurs (*chlorose*). Si les humeurs sont devenues épaisses ou jaunâtres, elles annoncent l'obésité ou polysarcie (*gras*); elle est l'effet de la dépravation des fluides et sans remèdes à ce degré; elle se manifeste par une barre jaune longitudinale sur le dos et grise sur les côtés; si on n'a pas pris à l'avance les moyens (indiqués aux chapitres de ce livre, pyrotechnie, aéréométrie et suivants jusque et y compris le chapitre XVIII), pour la prévenir, ils sont morts le lendemain.

L'air froid qui débilite, engourdit les vers à soie, leur cause le coriza, et par suite la chlorose ou anémie. Ceux qui sont atteints de cette maladie sont de couleur pâle, laiteuse, jaunâtre, ils ont la peau molle au toucher, perdent l'appétit, sont frappés de tristesse et d'abattement.

Dès le début du coriza, ou l'apparition de la chlorose, il faut employer les bains de vapeurs hygiéniques aromatisés par les sommités de romarin, des baies de genièvre et de liquide anti-acide bombique; pour dessécher les humeurs et donner du ressort aux solides, il faut allumer les fourneaux des fenêtres pendant une demi-heure, au moins et une heure au plus pour échauffer, raréfier, dessécher l'air trop humide et trop froid et le porter à un degré de chaleur, supérieur à celui qu'il avait avant l'apparition de la maladie. Quand ces moyens échouent, c'est qu'on les a employés trop tard, tous les autres sont inutiles.

Muscardine. L'anémie ou défaut de sang produit la muscardine qui est le deuxième degré de la chlorose. Les refroidissements et passages sans gradation à une température sèche, vive, brûlante qui enflamme et surprend, en sont les causes.

Les signes indicateurs de cette maladie sont les mêmes que pour la chlorose mais plus prononcés. La muscardine est la gangrène sèche, appelée nécrose chez l'homme.

Tout le monde connaît les funestes effets de cette maladie et l'infection des magnaneries qui en sont atteintes. Les rares cocons qui en proviennent sont desséchés, faibles, sans poids; la chrysalide y est morte et en poussière; ces cocons ont une odeur répugnante, nauséabonde, qui infecte et empoisonne la magnanerie pour plusieurs années (1).

Le traitement de cette maladie est le même que pour le coriza et la chlorose continué pendant trois jours de suite en multipliant les bains émollients. Mais cette maladie, comme la chlorose, doit être prévenue et non traitée ; on atteindra ce but en observant mes indications sur la manière de régler la température des magnaneries.

(1) Pour désinfecter ces magnaneries on emploie le lait de chaux nitré et l'eau nitrée pour les ustensiles avec plein succès.

ZOONATE (*jaunisse*), CONGÉLATION SÉRO-GÉLATINEUSE, OBÉSITÉ OU POLYSARCIE (*gras*), SPHACÈLE OU POURRIS.

Ce sont des noms donnés aux divers degrés du refroidissement et de la putréfaction qui l'accompagne.

L'air froid, glacial, délétère, nuisible, miasmatique, qui émane des brouillards, des météores, des orages, de la tempête, des vicissitudes atmosphériqnes, des vents du levant et du midi, cause ces maladies, en débilitant les fonctions digestives des vers à soie, les engorge, les congèle, les mortifie, les décompose et les pourrit par sidération ce qui forme le troisième et dernier degré de la polysarcie ou obésité (*gras*).

Ces maladies sont toutes et toujours mortelles de leur nature si on diffère, à leur début, d'employer les moyens indiqués pour la chlorose et la muscardine.

Les vers à soie atteints d'une de ces espèces de maladies quelconque sont gros de corps, de ventre, mous, paresseux et insensibles quand on les touche : leur couleur est jaunâtre, ils se décomposent rapidement après leur mort, tombent en pourriture et répandent une odeur aigre, qui s'appelle acide zoonique; de là leur nom de zoonate ou congélation séro-gélatineuse proprement dite ; c'est l'obésité ou polysarcie, et la sphacèle ou gangrène humide.

Dès l'apparition de la maladie, employer d'une manière soutenue le traitement indiqué pour la chlorose.

La sphacèle ou gangrène fait périr sans rémission tous les sujets dont la maladie décrite n'aura pas été prévenue et arrêtée, avant d'arriver au degré sensible à la vue; il ne reste plus qu'à en préserver les autres par le traitement constant ci-dessus décrit pour la chlorose et la muscardine.

CHAPITRE XXIII.

DÉPRAVATION DU CHYLE (*cacochylie*).

Par suite de la nourriture indigeste, nuisible à la vie et à la santé des vers à soie, fournie par la feuille de mûrier imprégnée des souillures, ou émanations sidérales miasmatiques qui déprave leur chyle, les enflamme, les engorge, les dessèche, les rend compactes, intercepte la circulation, l'élaboration, l'assimilation du chyle, et pervertit leurs fonctions accessoires, sont survenues : *l'engorgement (gastro-entérite), la constipation, l'inflammation spasmodique ou pyrosis (écume à la bouche), le rachitis ou pébrine, les dragées ou gatine.*

La chaleur sèche, continuelle, du bois ou du charbon qu'on brûle dans les magnaneries, contribue aussi à l'extension de ces maladies pour une large part.

L'engorgement (gastro-entérite) résulte de l'embarras du tube gastro-intestinal, lequel est produit par l'indigestion ; il précède la dépravation du chyle et est suivi de la constipation ou défaut de défécation, (*voir indigestion*).

Constipation des vers a soie. La constipation ou paresse du ventre est la défécation supprimée ou retenue par l'état de maladie résultant de l'embarras, de l'inflammation et du spasme de la membrane muqueuse du tube gastro-intestinal des vers à soie; elle est l'effet de l'indigestion.

Cette maladie est mortelle pour les vers à soie si on diffère d'employer le traitement ci-après:

Signes. Dans cet état les vers à soie ont l'anus sec, fermé, tandis que dans l'état de santé ils ont toujours les excréments visibles au bord de l'anus.

Traitement. 1° Aspersions avec le liquide anti-acide bombique sur les vers à soie, les feuilles mitigées de mûrier et de fenugrec.—2° Bains de vapeurs au fenugrec et au liquide anti-acide bombique. — 3° Augmenter graduellement la quantité de feuille de fenugrec et diminuer à proportion la dose de celle de mûrier dans les repas. — Renouveler souvent l'air des magnaneries et régler la chaleur à un degré constant suivant les climats, le temps, la saison, l'âge des vers à soie et les préserver avec soin des airs humides des temps pluvieux.

INFLAMMATIONS SPASMODIQUES EXTERNES. L'inflammation de la peau des vers à soie est l'effet du calorique sec produit par le feu nu et continuel de charbon ou de bois et de l'air brûlant concentré dans les magnaneries.

Signes. Dès le début, la peau des vers à soie devient rouge, dure, tendue, tout leurs corps éprouve une raideur tétanique qui les oblige à se tenir debout, presque immobiles par l'effet de la chaleur externe et de la stagnation du chyle, la contraction des fibres, des solides ; ils ne mangent plus, c'est le commencement de l'*apoplexie* qui les fait périr indubitablement sans le traitement suivant :

Aspersions sur la feuille de mûrier mitigée de celle de fenugrec avec le liquide anti-acide absorbant dépuratif bombique, bains de vapeurs hygiéniques au fenugrec et liquide anti-acide bombique. Ce traitement doit être employé simultanément et continué jusqu'à ce que les vers aient repris la couleur normale, l'appétit et le mouvement ordinaire. La cure est prompte et sûre.

INFLAMMATIONS INTERNES. *Pyrosis ou crémazou (écume à la bouche)*. De l'état de spasme produit par l'effet de la constipation, de la dépravation ou aigreur du chyle par suite de l'engorgement inflammatoire du tube gastro-intestinal des vers à soie, survient l'ardeur d'estomac surnommé *soda*, *pyrosis* ou *crémazou*.

Cette maladie est commune à l'homme et aux vers à soie.

Signes. Excrétion de salive limpide ou écume sortant de la bouche des vers à soie, constipation, spasme tétanique qui les rend immobiles et les oblige à se tenir debout dans l'anxiété, tournant leur tête de çà et delà.

Les feuilles grasses, onctueuses, de regain, qui ont repoussé après les gelées blanches du printemps, causent accessoirement l'indigestion, la dépravation du chyle et les inflammations internes ; cette feuille doit être délaissée comme nuisible à la vie et à la santé des vers à soie.

Traitement : 1° Alterner les infusions de fenugrec de genièvre, de romarin, et de liquide anti acide bombique en bains de vapeur sur les fourneaux calorifères. Augmenter la feuille de fenugrec, diminuer à proportion celle de mûrier. — 2° Asperger la feuille et les vers à chaque repas avec le liquide anti-acide bombique et continuer le traitement jusqu'à ce que les vers à soie soient revenus à leur état normal.

Rachitis ou pébrine (*courbature dorsale*) des vers à soie. Cette une gastro-entérite inflammatoire que produit la constipation, l'engorgement et le spasme des solides desséchés et la surabondance de la gomme qui colle leurs fibres et les rend compactes.

Signes. Cette maladie se reconnaît à la mortalité des vers en se pelotonnant en forme de dragées (*courbature dorsale*). Dès qu'on en rencontre un certain nombre sur la litière il faut se hâter d'employer le traitement des feuilles de fénu grec, pour toute nourriture, bains de vapeurs ou étuves avec cette plante et le liquide anti-acide bombique. Aspersions fréquentes des vers et des feuilles de mûrier avec le liquide anti-acide bombique.

Dragées ou gatine. Cette maladie est presque identique avec la précédente et ne diffère que par son degré d'intensité.

Les causes sont : les feux secs, l'air brûlant privé de vapeur d'eau, la surabondence du gaz acide carbonique qui se dégage du mélange, des excréments, des vers à soie et des litières.

L'air fixe les suffoque, les courants d'air les dessèchent et les rendent compactes, ils deviennent blancs, secs et farineux. Ils ressemblent alors aux dragées ou gatines d'où ils tirent leurs noms.

Traitement. Éviter les courants d'air dans les magnaneries et pratiquer les moyens curatifs indiqués au rachitis. Ces moyens préservatifs peuvent empêcher la gatine de se former et de se propager, mais il n'existe aucun espoir de salut pour les vers qui en sont déjà atteints.

CHAPITRE XXIV.

ABAT-JOUR.

Les abat-jour mobiles étant placés : 1° sur toute la façade de l'ouest (couchant) de la magnanerie du haut en bas; 2° aux croisées du nord, sont destinées à renouveler l'air, à le tempérer, et à le diviser, par un temps calme et chaud, en le faisant alors jouer souvent. Tandis qu'on les tient fermés par un temps froid, humide, pluvieux, d'orage, de brouillard, et on ne les ouvre que de 10 à 4 heures du soir par un air calme et tempéré.

CHAPITRE XXV.

MAGNANERIES RÉFORMÉES.

Les magnaneries nouvelles que l'on fera construire devront être établies de la manière suivante :

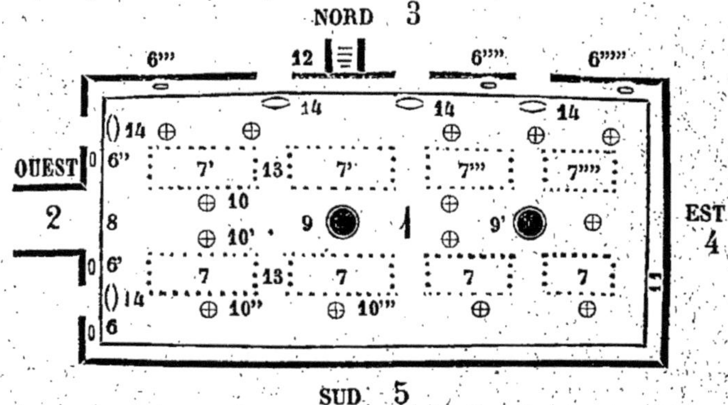

Parallélogramme régulier, 1 ; entrée principale, autant que possible unique et deux larges fenêtres au moins à l'ouest, 2 ; au nord, trois fenêtres, au moins deux, 3 ; est, 4 ; et sud, 5, murs pleins sans aucune ouverture; entre le plancher, toit ou plafond de la magnanerie et sur la plus haute table des vers à soie il devra y avoir un espace vide d'au moins un mètre, et deux et demi au plus ; c'est dans cet espace vide que seront pratiqués les œils-de-bœuf, 6,6',6'', etc. La magnanerie contiendra deux rangs de tables 7,7',7'', etc., et même davantage suivant sa grandeur en se conformant à la même disposition. Vis-à-vis la porte d'entrée sera le corridor principal, 8, destiné à recevoir au sous-sol les calorifères garnis de leur bassin à étuves, 9 et 9'. Les calorifères, reposant sur le sol le plancher qui devra supporter les vers à soie, sera établi à 1 mètre 25 centimètres environ au-dessus et percé de distance en distance le long des corridors par des bouches de chaleur 10,10',10'', etc. Ce plancher ne touchera au mur d'aucun côté, mais il en sera distant de 2 à 3 centimètres, 11, afin que la chaleur des calorifères et des étuves puisse monter le long des murs et de là s'irradier également dans toute la chambrée ; sous le plancher, dans l'espace vide où seront les calorifères on tiendra les combustibles, bois seulement, mais en petite quantité ; on entrera dans ce sous-sol par une porte donnant au nord, 12, pour allumer et soigner les feux, cette porte sera grillée en forme d'abat-jour, et d'un rideau.

Du nord au sud, vis-à-vis les fenêtres, il existera des corridors coupant le principal à angles droits, 13,13' etc. Le rang de tables supérieur, c'est-à-dire le plus rapproché du toit servira d'infirmerie. C'est là qu'on mettra tous les vers asphyxiés, etc., qu'on trouvera dans les litières et auxquels on donnera les soins indiqués. Les fenêtres du nord et du couchant seront garnies d'abat-jour, et de rideaux épais à l'intérieur. Les œils-de-bœuf seront garnis d'un treillage en fil de fer.

Sous les fenêtres on établira, au moyen de tuiles, des petits fourneaux qu'on allumera avec du bois de genièvre pendant les orages, tempêtes, etc. Ces fourneaux sont placés le foyer en dedans de la magnanerie sous les fenêtres et leur cheminée verticalement établie pour porter la fumée en dehors au bord extérieur de la fenêtre, 14,14',14'', etc., et on préservera la magnanerie de la fumée au moyen du rideau qu'on baisse quand on allume les fourneaux.

On préservera avec attention les vers à soie des atteintes des animaux rongeurs et des insectes.

Par l'exposé qui précède on voit que la magnanerie ne doit avoir ni fenêtres ni ouvertures au sud et à l'est, et que les courants d'air, pernicieux à tous les animaux, y sont soigneusement évités. Les magnaneries seront blanchies chaque année avant de commencer l'éducation avec le lait de chaux nitré.

Les magnaneries anciennes seront rendues autant que possible conformes au modèle ci-dessus décrit.

L'univers ébranlé, croulerait sous mes pas,
Je périrais! mais je ne mourrais pas.

BLANCHON, *médecin*.

TABLE DES MATIÈRES.

FIN DE LA TABLE.

Valence, le 12 avril 1865.

Monsieur le Président de la Société Séricicole de ce département,

J'ai l'honneur de vous soumettre le traité de nouvelle sériciculture que je viens de composer sur l'art d'élever les vers à soie avec succès. Daignez, Monsieur le Président, prendre mon œuvre en considération à cause des hauts intérêts généraux qui l'ont inspirée, et si vous trouvez les méthodes et principes que j'enseigne, physiques et rationnels, veuillez en faire faire l'essai par des personnes intelligentes, sûres, et qui promettront de se conformer ponctuellement à mes préceptes ; je vous enverrai gratuitement le liquide que vous me demanderez pour les essais que vous voudrez faire tenter sous vos yeux.

J'ai l'honneur de vous remercier par anticipation du bien que vous m'aiderez à faire à la sériciculture en faisant connaître mon livre et mon invention dès que vous en aurez reconnu la valeur.

Veuillez recevoir,

Monsieur le Président,
mes très respectueuses salutations.

BLANCHON, médecin.

www.ingramcontent.com/pod-product-compliance
Ingram Content Group UK Ltd.
Pitfield, Milton Keynes, MK11 3LW, UK
UKHW021459090726
13657UKWH00003B/1408